长江流域水生生物资源及生境状况公报

2023年

农业农村部长江流域渔政监督管理办公室
水利部长江水利委员会
生态环境部长江流域生态环境监督管理局   编著
交通运输部长江航务管理局

中国农业出版社

北京

目 录

综　述

　　2023年，农业农村部长江流域渔政监督管理办公室会同水利部长江水利委员会、生态环境部长江流域生态环境监督管理局、交通运输部长江航务管理局等部门，组织协调长江流域水生生物资源监测网络成员单位，深入贯彻习近平生态文明思想和习近平总书记关于长江十年禁渔系列重要指示批示精神，落实党中央、国务院长江十年禁渔重要决策部署，统筹推进长江流域水生生物资源及生境状况监测工作，为巩固长江十年禁渔成效、推进水域生态系统保护修复提供了有力支撑。

　　2023年，长江流域水生生物资源监测网络成员单位在长江干流、鄱阳湖、洞庭湖、滇池、太湖、巢湖、大渡河、岷江、沱江、赤水河、嘉陵江、乌江、汉江等水域监测站位开展了水生生物资源、重点保护物种和外来物种等监测工作（注：本公报中水生生物资源、重点保护物种和外来物种数据均为相关水域监测站位数据）。其中，长江干流金沙江段、滇池、太湖和巢湖为2023年新增监测水域；浮游植物、浮游动物和底栖动物为2023年长江干流新增监测内容。同时，对长江流域重点水域（长江干流、鄱阳湖、洞庭湖，大渡河、岷江、沱江、赤水河、嘉陵江、乌江、汉江）开展水生生物完整性指数评价。总体看，长江禁渔实施三年以来，在沿江各地政府和各有关部门的共同努力下，取得了重要阶段性成效，水生生物资源和多样性持续恢复。

　　水生生物资源恢复总体向好，四大家鱼、刀鲚等重要经济鱼类资源相比

禁渔前恢复较快，物种多样性水平有所提升。 2023年，长江流域监测水域监测到土著鱼类227种，比2022年增加34种。长江干流单位捕捞量为2.1千克，比2022年上升16.7%；通江湖泊单位捕捞量均值为3.6千克，主要受枯水位影响，比2022年下降23.4%；重要支流单位捕捞量均值为2.3千克，比2022年上升64.3%。重要经济鱼类四大家鱼（青鱼、草鱼、鲢和鳙）在长江中游监利断面卵苗资源量为59.8亿粒·尾，受涨水过程平缓、涨水次数偏少等综合因素影响，比2022年下降24.0%，但仍是禁渔前2020年的4.4倍；刀鲚在长江下游汛期单位捕捞量为30.6千克，主要受年际自然波动及繁殖期来水减少的影响，比2022年下降53.6%，但仍是禁渔前2020年的7.3倍。刀鲚能够溯河洄游至历史最远水域洞庭湖，鳓在长江中下游干支流、通江湖泊和三峡库区等多个水域出现。

部分重点保护物种数量上升，中华鲟等物种仍然未监测到自然繁殖，保护形势依然严峻。 2023年，长江流域监测水域监测到国家重点保护水生野生动物14种，与2022年相比，新监测到滇池金线鲃、细鳞裂腹鱼和四川白甲鱼。长江下游及通江湖泊监测到长江江豚1 118头次（2023年为常规监测数据，2022年为全流域科学考察数据），南京八卦洲至镇江世业洲段、赣江、信江等水域长江江豚分布范围进一步呈现扩散趋势。葛洲坝下中华鲟自然繁殖群体估算数量为11尾，未监测到自然繁殖，已连续中断7年。监测到长江鲟692尾，均为人工放流个体。国家二级保护水生野生动物监测到11种2 441尾，主要分布于长江上游干支流。

外来鱼类有所增加，需要加强风险防范。 长江流域监测水域共监测到外来鱼类21种、外来虾类2种，与2022年相比，新监测到大口黑鲈、纵带鲹、南方拟鲿、宽额鳢和莫桑比克罗非鱼等外来鱼类。数量较多的种类为齐氏罗非鱼、大眼华鳊、绿太阳鱼和杂交鲟等。

栖息生境总体稳定，采砂及航道整治等涉渔工程规模有所下降。 长江干支流水质评价总体为优，Ⅰ～Ⅲ类水质断面占98.5%，比2022年上升0.4个百分点。长江大通水文控制站年径流量为6 720亿米³，比2022年下降12.9%。长江干流和通江湖泊采砂总量约9 642万吨，比2022年下降18.4%。长江干流在建航道整治工程涉河长度171千米，比2022年下降73.2%。

水生生物完整性指数得分总体稳定，岷江提升一个评价等级，流域总体仍处于低位。 2023年，长江干流、洞庭湖、岷江、沱江、赤水河、乌江和汉江水生生物完整性指数为48.3～84.4分，比2022年增加0.5～13.3分；嘉陵江为40.0分，与2022年持平；大渡河为25.6分，鄱阳湖为49.4分，分别比2022年减少2.2分、2.8分。长江干流、洞庭湖、鄱阳湖、沱江、嘉陵江、乌江和汉江水生生物完整性指数评价等级为"较差"，赤水河为"良"，大渡河为"差"，均与2022年持平；岷江为"较差"，比2022年上升一个等级。

一、总体状况

（一）水生生物资源

2023年，长江流域监测水域监测到土著鱼类227种，比2022年增加34种；监测到虾蟹类26种、浮游植物426种、浮游动物165种、底栖动物96种。

长江干流监测到土著鱼类175种，比2022年增加11种；香农－威纳多样性指数为2.8，与2022年持平；单位捕捞量为2.1千克，比2022年上升16.7%。

通江湖泊监测到土著鱼类99种，比2022年增加4种；香农－威纳多样性指数为3.1，主要受物种间数量不均匀度增加影响，比2022年略下降6.1%；单位捕捞量均值为3.6千克，主要受枯水位影响，比2022年下降23.4%。

重要支流监测到土著鱼类162种，比2022年增加13种，香农－威纳多样性指数为2.9，与2022年基本持平，单位捕捞量均值为2.3千克，比2022年上升64.3%。

重要经济鱼类资源恢复较快。2023年，长江中游监利断面四大家鱼卵苗资源量为59.8亿粒·尾，受涨水过程平缓、涨水次数偏少等综合因素影响，比2022年下降24.0%，但仍是禁渔前2020年的4.4倍；长江下游刀鲚汛期单位捕捞量为30.6千克，主要受年际自然波动及繁殖期来水减少影响，比2022年下降53.6%，但仍是禁渔前2020年的7.3倍。此外，在长江中下游干支流、通江湖泊和三峡库区共监测到鲥42尾。自身恢复能力强的四大家鱼、刀鲚等重要经济鱼类资源恢复较快，鲥物种群体出现恢复趋势。

长江流域水生生物种类总体较丰富，多样性保持平稳，长江干支流水生生物资源得到初步恢复，重要经济鱼类资源相比禁渔前有较大恢复，各水域优势种组成仍在变动中。鱼类种类数和单位捕捞量见图1-1、图1-2。

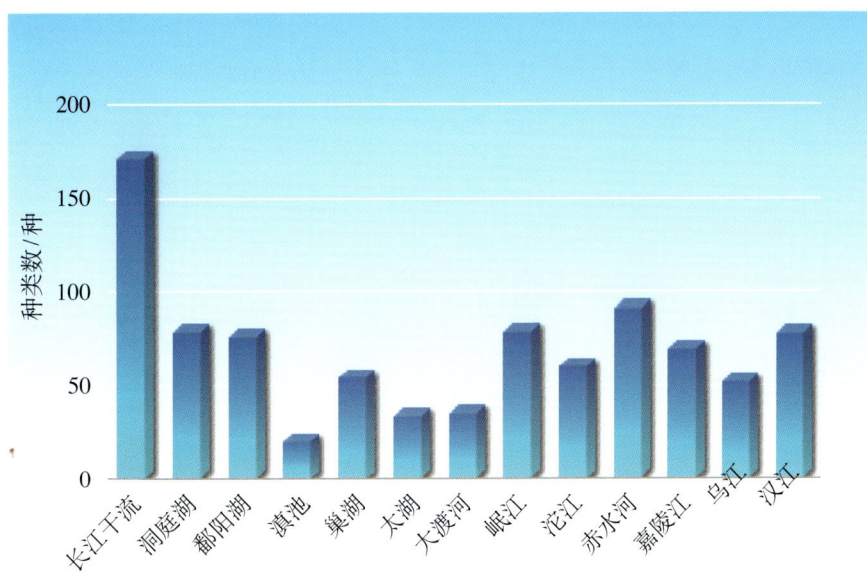

图1-1　2023年长江流域监测水域鱼类种类数

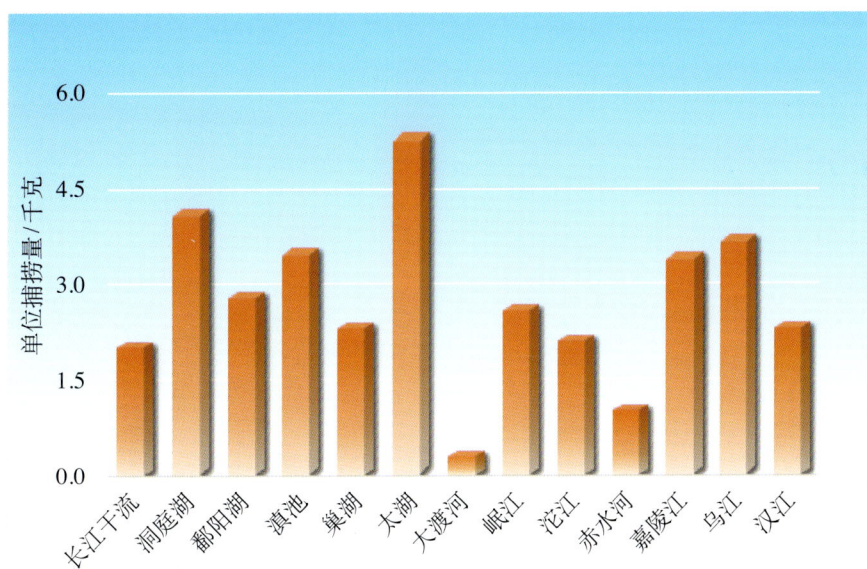

图1-2　2023年长江流域监测水域鱼类单位捕捞量

（二）重点保护物种

2023年，长江流域监测水域共监测到国家重点保护水生野生动物14种。

其中，国家一级保护水生野生动物3种：长江江豚、中华鲟、长江鲟。国家二级保护水生野生动物11种：胭脂鱼、圆口铜鱼、滇池金线鲃、四川白甲鱼、多鳞白甲鱼、鲈鲤、细鳞裂腹鱼、重口裂腹鱼、岩原鲤、长薄鳅和青石爬鲱。

长江下游及通江湖泊共监测到长江江豚1118头次，其中长江下游干流472头次、洞庭湖118头次、鄱阳湖528头次，长江干流南京八卦洲至镇江世业洲段、赣江、信江等局部水域分布范围进一步呈现扩散趋势。发现野外死亡长江江豚69头，主要死亡原因是杂物缠绕、螺旋桨误伤、疾病等。

中华鲟自然繁殖群体数量估算为11尾，数量极少，未监测到自然繁殖。监测到长江鲟692尾，均为人工放流个体，未监测到自然繁殖。

监测到国家二级保护水生野生动物2441尾（表1-1），与2022年相比，新监测到滇池金线鲃、细鳞裂腹鱼和四川白甲鱼。

总体上，圆口铜鱼、岩原鲤等国家二级保护水生野生动物数量有所上升，但中华鲟、长江鲟仍然没有自然繁殖，保护形势依然严峻。

表1-1　2023年监测到的国家二级保护水生野生动物

	水域	胭脂鱼	圆口铜鱼	滇池金线鲃	四川白甲鱼	多鳞白甲鱼	鲈鲤	细鳞裂腹鱼	重口裂腹鱼	岩原鲤	长薄鳅	青石爬鲱	总计
	金沙江	3			1		2	35		2			43
长江干流	长江上游	113	157							259	3		532
	三峡库区	72	5							205			282
	长江中游	35	1								1		37
	长江下游	2											2
	长江口												0

（续）

水域		胭脂鱼	圆口铜鱼	滇池金线鲃	四川白甲鱼	多鳞白甲鱼	鲈鲤	细鳞裂腹鱼	重口裂腹鱼	岩原鲤	长薄鳅	青石爬鳅	总计
重要湖泊	洞庭湖	2											2
	鄱阳湖												0
	滇池			475									475
	巢湖	1											1
	太湖												0
重要支流	大渡河						37		272			1	310
	岷江	11							25	10	3		49
	沱江	32								94			126
	赤水河	38	1		1		8			396	10	18	472
	嘉陵江	13				26				51			90
	乌江	2					14			1			17
	汉江	3											3
合计		327	164	475	2	26	61	35	297	1 018	17	19	2 441

（三）外来物种

2023年，长江流域监测水域监测到外来鱼类21种、外来虾类2种，与2022年相比，新监测到大口黑鲈、纵带鲬、南方拟鲿、宽额鳢和莫桑比克罗非鱼等外来鱼类。监测到外来鱼类2 405尾，比2022年增加1 272尾；数量较多的种类为齐氏罗非鱼、大眼华鳊、绿太阳鱼和杂交鲟等，主要零星散布于长江上游干流和部分支流。其中，杂交鲟126尾，在长江干流、洞庭湖、鄱阳湖、岷江、赤水河、嘉陵江、乌江和汉江水域被零星监测到，主要为养殖逃逸，未监测到其自然繁殖活动。监测到克氏原螯虾和罗氏沼虾共41只。外来物种种类和数量见图1-3、图1-4。

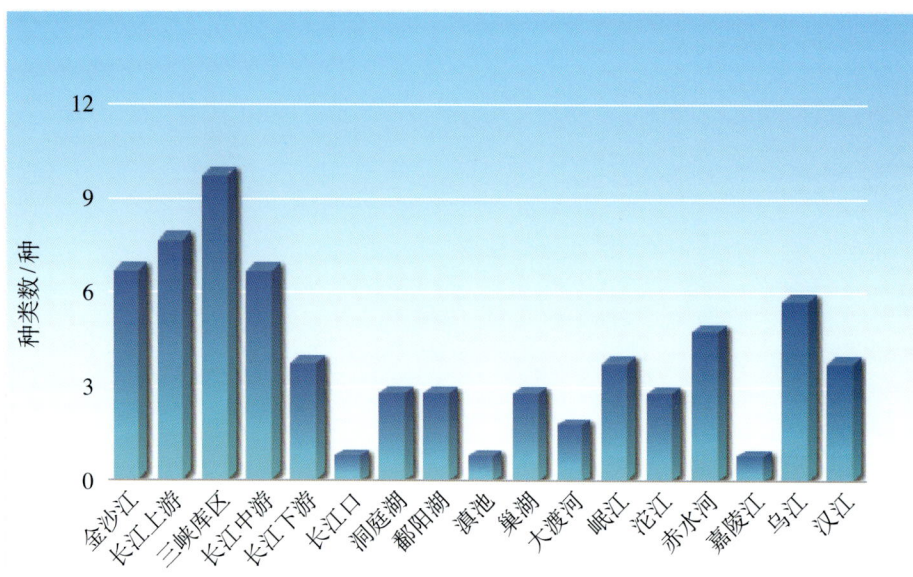

图1-3　2023年长江流域监测水域外来物种种类数

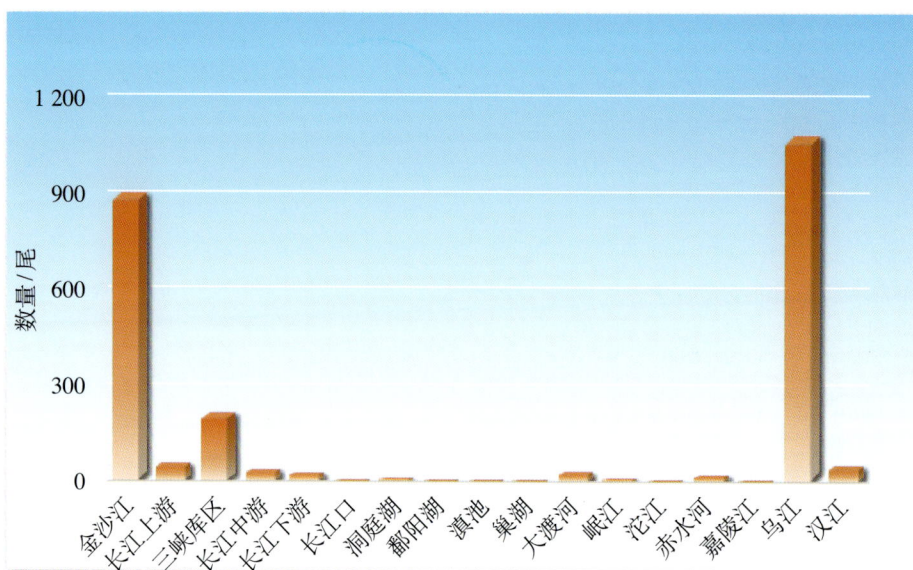

图1-4　2023年长江流域监测水域外来物种数量

（四）栖息生境

2023年，长江干支流水质总体为优，监测的1 017个国控断面中，Ⅰ～Ⅲ类水质断面占98.5%，比2022年上升0.4个百分点，无劣Ⅴ类水质断面。近五年来，长江干支流Ⅰ～Ⅲ类水质占比呈现上升趋势（图1-5）。2023年长江大通水文控制站年径流量为6 720亿米³，比2022年减少12.9%，比1950—2020年均值偏小25.2%。2023年长江干流和通江湖泊采砂总量约9 642万吨，比2022年下降18.4%，近五年的年采砂总量呈先上升后下降趋势（图1-6）。长江干流在建航道整治工程涉河长度171千米，比2022年下降73.2%。

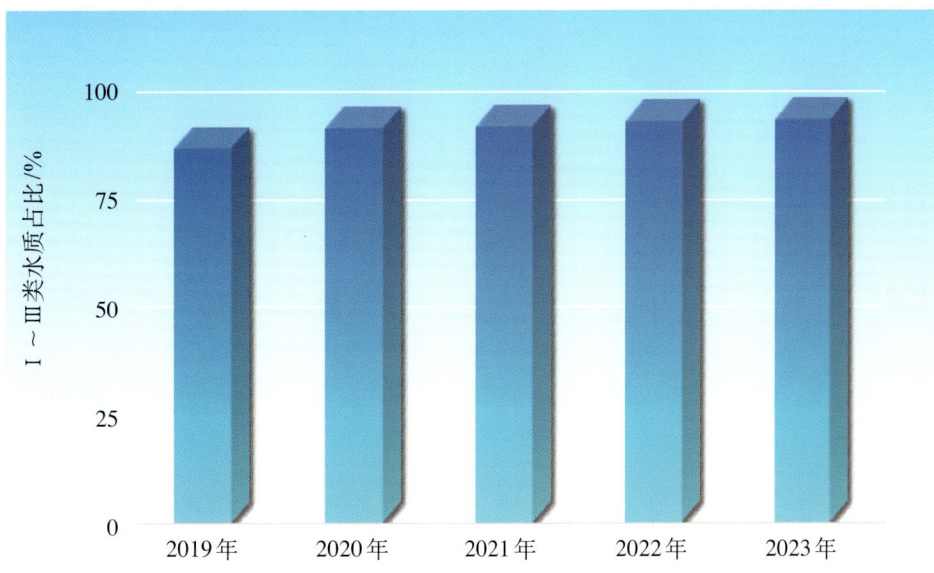

图1-5　2019—2023年长江干支流水质年际变化

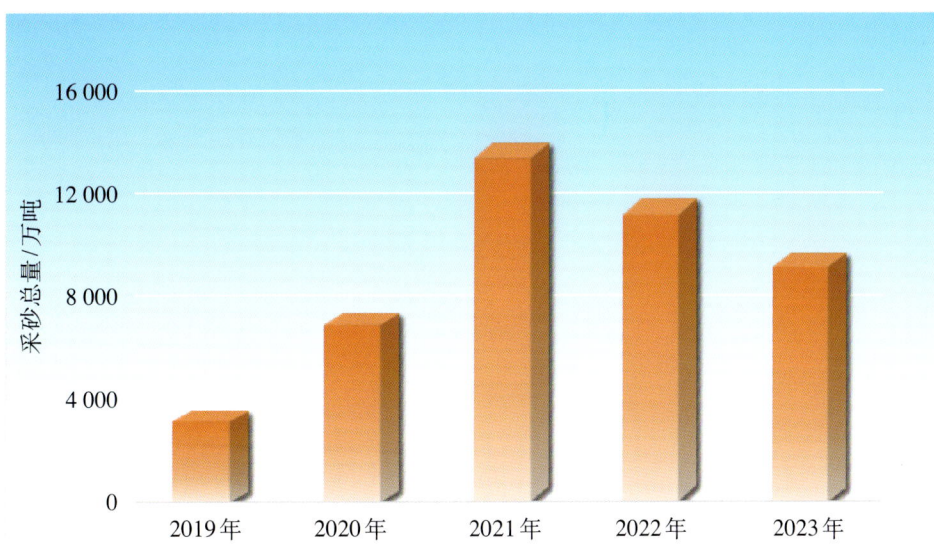

图1-6　2019—2023年长江干流及通江湖泊采砂总量年际变化

（五）水生生物完整性指数

2023年，长江流域重点水域水生生物完整性指数自长江禁渔以来持续缓慢回升，但仍处于低位，各水域水生生物完整性指数情况见图1-7。

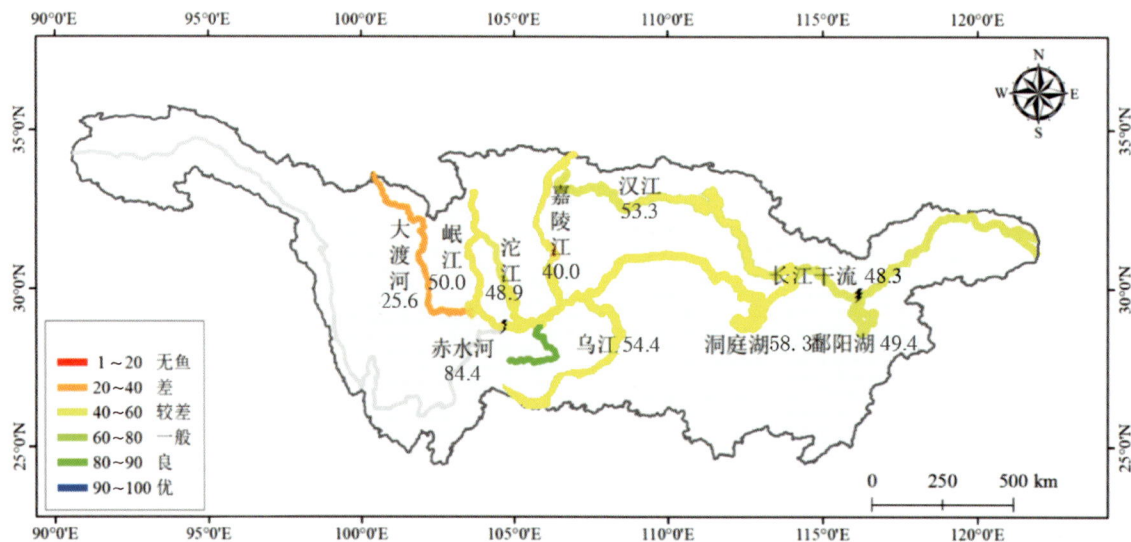

图1-7　2023年长江流域重点水域水生生物完整性指数情况

长江干流：长江干流水生生物完整性指数为48.3分，比2022年增加0.5分。完整性指数评价等级为"较差"，与2022年持平，评级较低的主要原因是较历史记录数据，监测到的鱼类种类数较少。

通江湖泊：洞庭湖水生生物完整性指数为58.3分，比2022年增加3.3分；完整性指数评价等级为"较差"，与2022年持平，评级较低的主要原因是较历史记录数据，监测到的重点保护物种种类数较少。鄱阳湖水生生物完整性指数为49.4分，比2022年减少2.8分；完整性指数评价等级为"较差"，与2022年持平，评级较低的主要原因是较历史记录数据，监测到的重点保护物种种类数较少。

重要支流：赤水河水生生物完整性指数为84.4分，比2022年增加4.4分；

评价等级为"良",与2022年持平,鱼类资源总体稳定向好。汉江水生生物完整性指数为53.3,比2022年增加8.9分;评价等级为"较差",与2022年持平,评级较低的主要原因是较历史记录数据,监测到的重要保护物种和区域代表物种数量较少。岷江、沱江、嘉陵江和乌江水生生物完整性指数分别为50.0分、48.9分、40.0分和54.4分,评价等级均为"较差",评级较低的主要原因是较历史记录数据,监测到的特有鱼类少、水体连通性较差。大渡河水生生物完整性指数为25.6分,评价等级为"差",评级低的主要原因是较历史记录数据,监测到的鱼类种类数少。

二、长江干流

（一）水生生物资源

1. 金沙江（2023年新增监测水域）

2023年，金沙江监测到土著鱼类59种，香农－威纳多样性指数为2.8，单位捕捞量为2.7千克。优势种为鲢、鳙、南方鲌、鲤、张氏䲘。

监测到浮游植物137种、浮游动物27种、底栖动物10种。

2. 长江上游

2023年，长江上游监测到土著鱼类83种，比2022年减少13种；香农－威纳多样性指数为3.3，比2022年上升6.5%。单位捕捞量为2.1千克，比2022年上升31.3%。近三年的物种多样性水平相对稳定，资源量稳步上升（图2-1）。

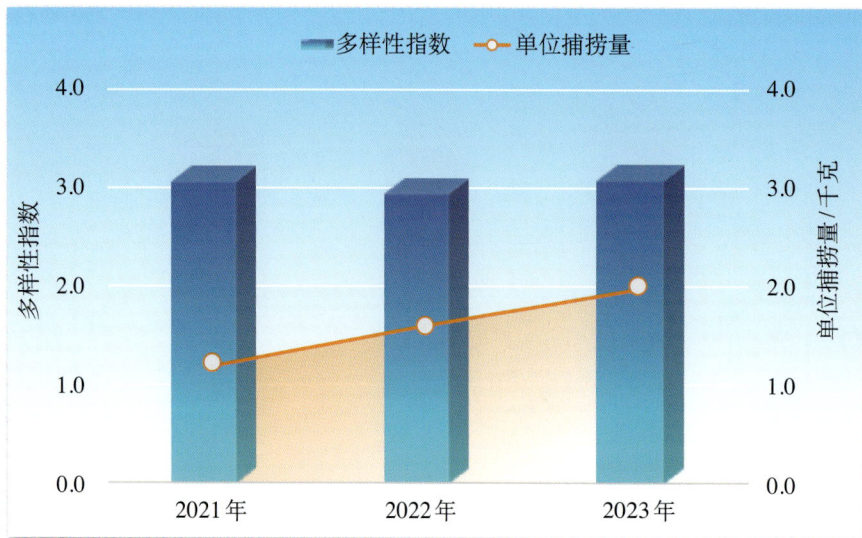

图2-1 2021—2023年长江上游多样性指数及单位捕捞量年际变化

优势种为厚颌鲂、圆筒吻鮈、岩原鲤、瓦氏黄颡鱼和鲤，相比2022年，圆筒吻鮈、岩原鲤等上游特有鱼类资源占比有一定幅度上升。

监测到浮游植物129种、浮游动物30种、底栖动物27种。

3. 三峡库区

2023年，三峡库区监测到土著鱼类72种，比2022年减少13种；香农－威纳多样性指数为2.8，主要受物种间数量不均匀度增加和偶见种类减少影响，比2022年下降6.7%。单位捕捞量为2.8千克，比2022年上升40.0%。近三年的物种多样性水平相对稳定，资源量总体稳中有升（图2-2）。优势种为鳙、鲤、鲢、长吻鮠和厚颌鲂；相比2022年，长吻鮠、厚颌鲂资源占比有所上升。

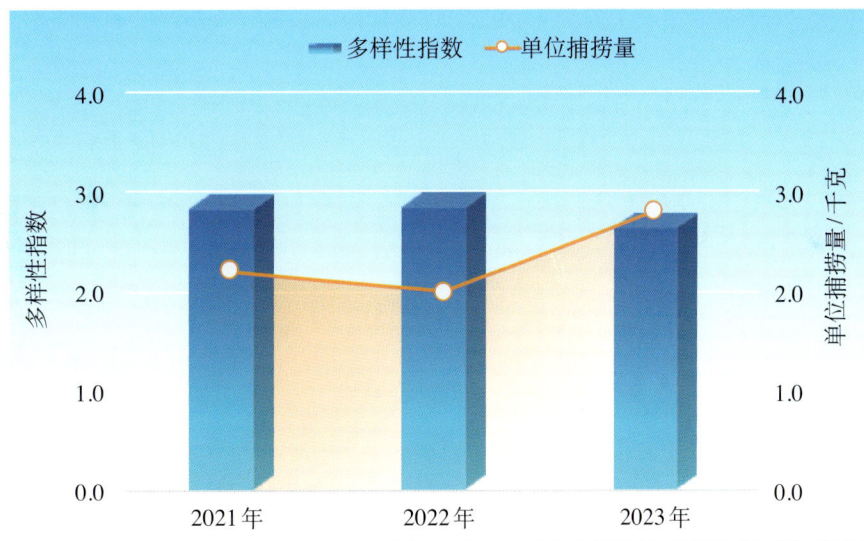

图2-2　2021—2023年三峡库区多样性指数及单位捕捞量年际变化

监测到浮游植物115种、浮游动物46种、底栖动物16种。

4. 长江中游

2023年，长江中游监测到土著鱼类87种，比2022年增加10种；香农－

威纳多样性指数为3.1，与2022年持平。单位捕捞量为2.0千克，由于资源年际间的自然波动及枯水位影响，比2022年下降9.1%。近三年的物种多样性水平、资源量总体稳中有升（图2-3）。优势种为鲢、鳙、鲂、银鲴和鲤，相比2022年，均以植食性鱼类为主。

图2-3　2021—2023年长江中游多样性指数及单位捕捞量年际变化

监利断面四大家鱼卵苗资源量为59.8亿粒·尾，受涨水过程平缓、涨水次数偏少等综合因素影响，比2022年下降24.0%，但仍是禁渔前2020年的4.4倍。2020年以来，四大家鱼早期资源量呈波动上升趋势（图2-4）。

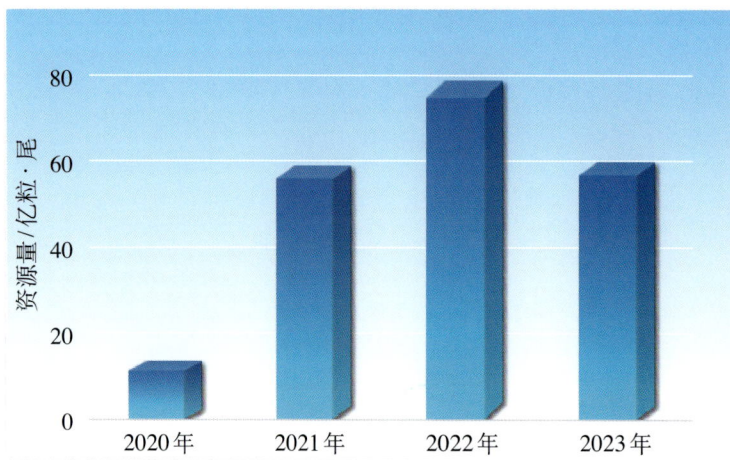

图2-4　2020—2023年长江中游监利断面四大家鱼卵苗资源量年际变化

监测到浮游植物124种、浮游动物65种、底栖动物31种。

5.长江下游

2023年，长江下游监测到土著鱼类75种，比2022年减少16种。香农-威纳多样性指数为3.0，比2022年上升3.4%。单位捕捞量为1.0千克，主要受2022年下半年极枯水位和2023年上半年低枯水位影响，比2022年下降16.7%。近三年的物种多样性水平和资源量相对稳定（图2-5）。优势种为鳊、鲢、鲂、鳙和鳜，相比2022年，优势种组成结构相对稳定。

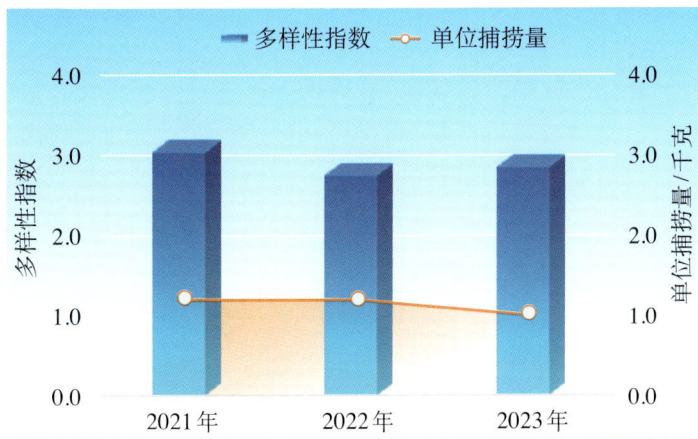

图2-5 2021—2023年长江下游多样性指数及单位捕捞量年际变化

2023年，刀鲚生殖洄游群体的汛期单位捕捞量（流刺网）为30.6千克，受年际自然波动及繁殖期来水减少影响，比2022年下降53.6%，但仍是禁渔前2020年的7.3倍。2020年以来，刀鲚资源量总体呈波动上升趋势（图2-6）。

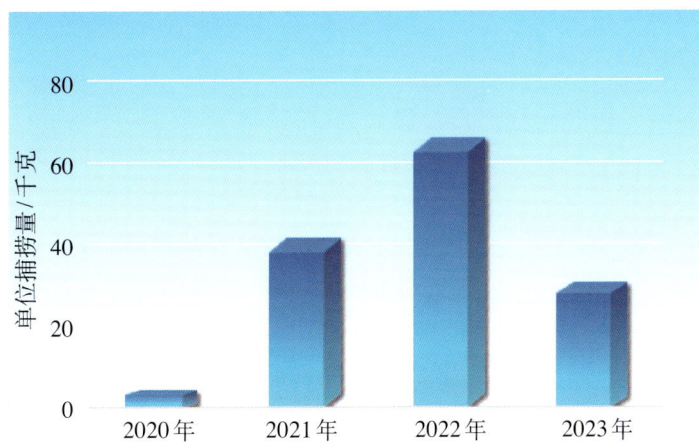

图2-6 2020—2023年长江下游刀鲚汛期单位捕捞量年际变化

监测到虾蟹类3种、浮游植物242种、浮游动物57种、底栖动物39种。

6. 长江口

2023年，长江口监测到土著鱼类47种，比2022年增加7种；香农－威纳多样性指数为1.6，主要受物种间数量不均匀度增幅较大影响，比2022年下降23.8%。鱼类资源密度为721.9千克/千米²，受年际自然波动和水文条件等因素影响，比2022年下降8.8%。近三年的物种多样性总体处于相对较低水平，资源量总体稳中有升（图2-7）。优势种为棘头梅童鱼、长吻鮠、中国花鲈、鲤和刀鲚，相比2022年，优势种组成结构相对稳定。

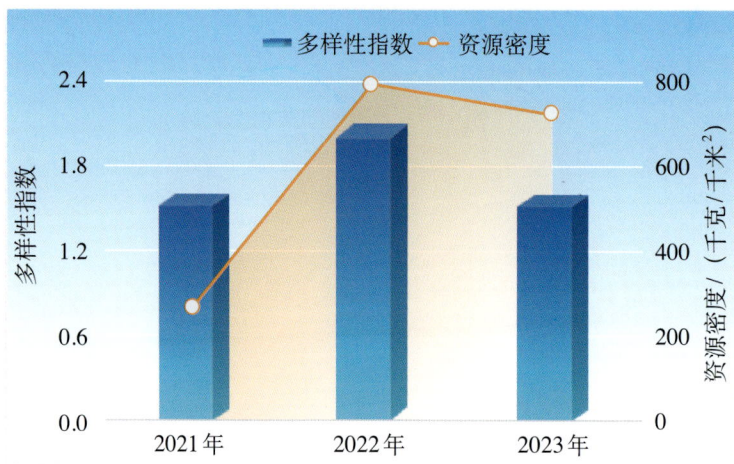

图2-7 2021—2023年长江口多样性指数及资源密度年际变化

监测到虾蟹类25种、浮游植物68种、浮游动物37种、底栖动物24种。

（二）重点保护物种

1. 国家一级保护水生野生动物

（1）长江江豚

野外种群情况：2023年，在长江下游干流共监测到长江江豚472头次，主要分布在汇口镇至骨牌洲、华阳河口、玉带洲、清节洲至皖河口、安庆长江大桥至铜板洲、崇文洲至和悦洲、章家洲至黑沙洲、芜湖长江三桥至曹姑洲、小黄洲、南京新济洲和潜洲、镇江和畅洲、三江营和落成洲水域，南京八卦洲至镇江世业洲段等局部水域分布范围进一步呈现扩散趋势（图2-8）。

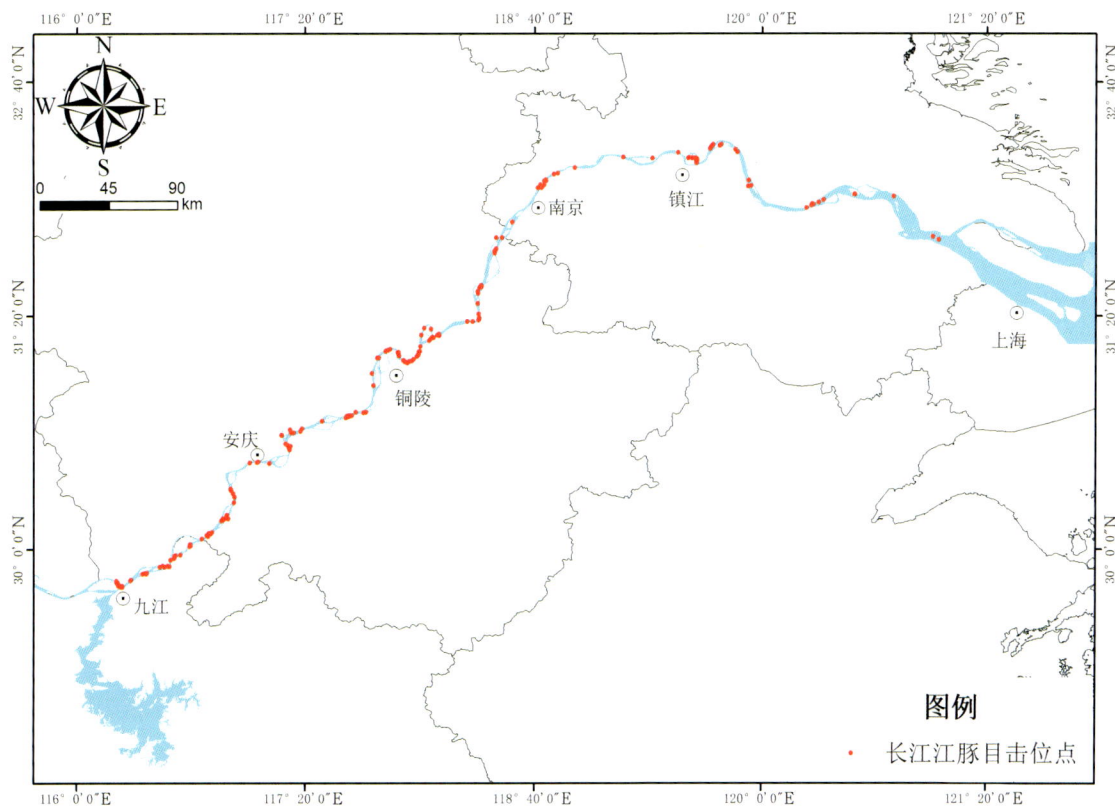

图2-8　2023年长江下游干流长江江豚种群分布情况

野外死亡情况：2023年，长江干流共发现野外死亡长江江豚46头，比2022年有所增加；死亡长江江豚中雌性26头，雄性13头，7头性别未知。受枯水位影响，长江江豚适宜栖息生境大幅萎缩，船舶通航等人类活动影响风险加剧，导致长江江豚死亡率有所增加。

（2）中华鲟

2023年，在长江湖北宜昌江段通过食卵鱼解剖、水下视频观测、江底采卵调查等方式均未监测到中华鲟自然产卵活动。自2017年起，中华鲟自然繁殖已连续中断7年。据葛洲坝下宜昌江段水声学调查估算，2023年中华鲟繁殖群体数量11尾，繁殖群体数量年际变化情况见图2-9。

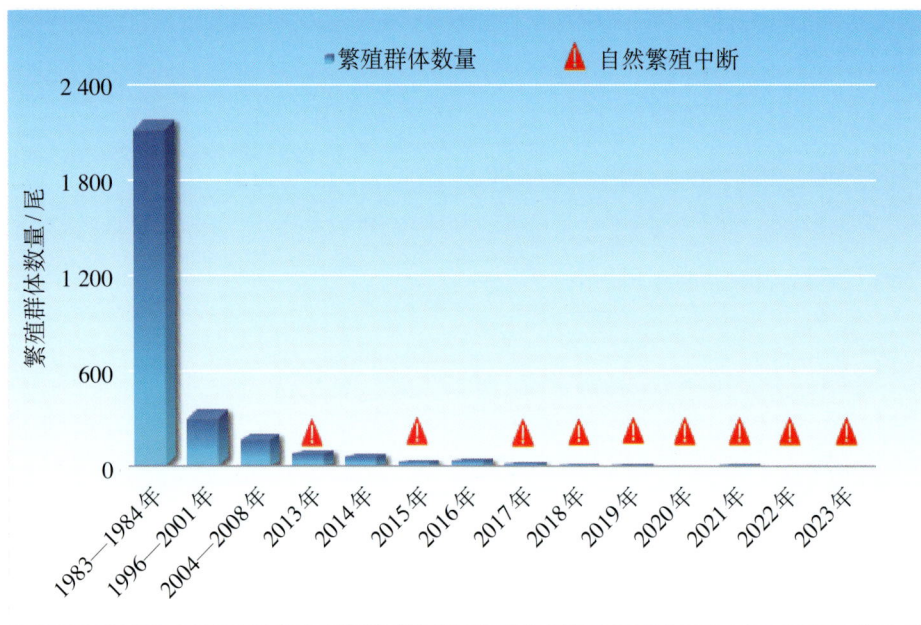

图2-9　中华鲟自然繁殖群体数量年际变化

长江下游及长江口监测到放流中华鲟亚成体2尾。

（3）长江鲟

2023年，长江中上游监测到放流长江鲟幼鱼575尾，其中长江上游501尾、三峡库区69尾、长江中游5尾。未监测到长江鲟自然产卵活动。

2.国家二级保护水生野生动物

2023年，监测到国家二级保护水生野生动物岩原鲤、胭脂鱼、圆口铜鱼、细鳞裂腹鱼、长薄鳅、鲈鲤和四川白甲鱼7种896尾。

（三）外来物种

金沙江：监测到齐氏罗非鱼、尼罗罗非鱼、拉氏大吻鰕、梭鲈、宽额鳢、丁鱥、莫桑比克罗非鱼7种896尾。

长江上游：监测到杂交鲟、梭鲈、斑点叉尾鮰、麦瑞加拉鲮、尼罗罗非鱼、革胡子鲇和齐氏罗非鱼7种50尾。相比2022年，新监测到革胡子鲇和齐氏罗非鱼2种。监测到克氏原螯虾7只。

三峡库区：监测到齐氏罗非鱼、杂交鲟、梭鲈、麦瑞加拉鲮、尼罗罗非鱼、鲮、伽利略罗非鱼、宽额鳢和革胡子鲇9种209尾。相比2022年，新监测到鲮和宽额鳢2种。监测到克氏原螯虾4只。

长江中游：监测到杂交鲟、大眼华鳊、鲮、麦瑞加拉鲮、斑点叉尾鮰、尼罗罗非鱼6种35尾。相比2022年，新监测到尼罗罗非鱼。监测到克氏原螯虾1只。

长江下游：监测到斑点叉尾鮰、鲮、麦瑞加拉鲮3种4尾。相比2022年，新监测到斑点叉尾鮰和鲮2种。监测到罗氏沼虾24只。

长江口：监测到杂交鲟1尾。相比2021—2022年，未监测到新的外来物种。

（四）栖息生境

1. 水质

长江干流：2023年，长江干流水质为优。监测的82个国控断面中，Ⅰ～Ⅱ类水质断面占100%，干流国控断面连续4年全线达到Ⅱ类水质。

重要栖息生境：2023年，对长江上游珍稀特有鱼类产卵场、三峡库区鱼类索饵场、宜昌中华鲟产卵场、荆江四大家鱼产卵场、镇江长江豚类省级自然保护区等重要栖息生境开展水质监测。监测水域水质总体良好，基本能满足鱼类生长繁殖需求。在所有监测断面总氮超地表水Ⅲ类水标准，在13%监测断面非离子氨超过渔业水质评价标准。

2. 水文及采砂

水文：2023年，长江干流大通水文控制站年径流量为6 720亿米^3，比2022年减少12.9%，比1950—2020年均值偏小25.2%。2023年长江干流主要水文控制站实测径流量与多年平均值比较（图2-10），向家坝、朱沱、寸滩、宜昌、沙市、汉口和大通站偏小15.2%～26.6%，直门达和石鼓站分别偏大69.3%、8.1%，攀枝花站基本持平。2023年，长江干流主要水文控制站径流量见表2-1。

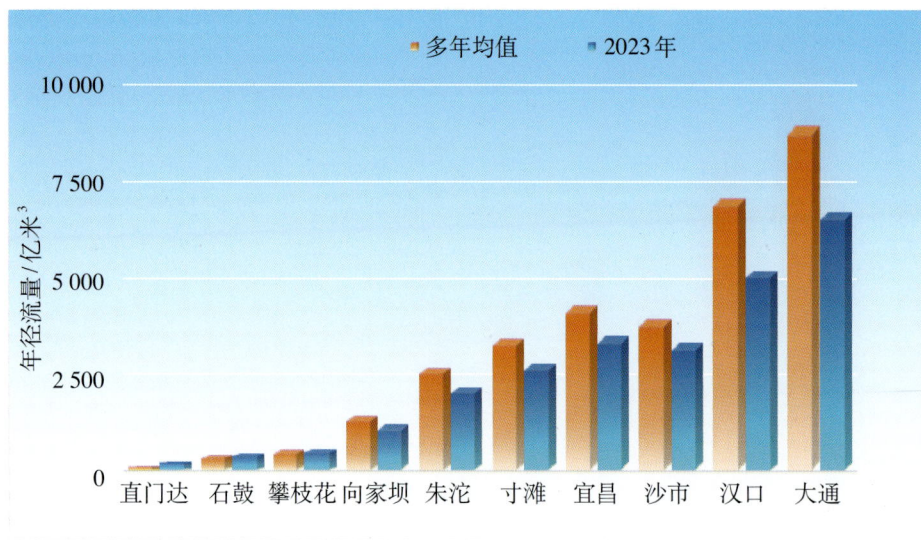

图2-10　2023年长江干流主要水文控制站径流量及年际比较

表2-1　2023年长江干流主要水文控制站径流量

水文控制站	年径流量／亿米^3	水文控制站	年径流量／亿米^3
直门达	226.8	寸滩	2 779
石鼓	461.2	宜昌	3 505

（续）

水文控制站	年径流量／亿米^3	水文控制站	年径流量／亿米^3
攀枝花	571.5	沙市	3 330
向家坝	1 208	汉口	5 189
朱沱	2 166	大通	6 720

采砂：2023年，长江干流（宜宾至上海）河道采砂约2 258万吨，比2022年上升55.6%。近五年的年采砂总量呈波动上升趋势（图2-11）。

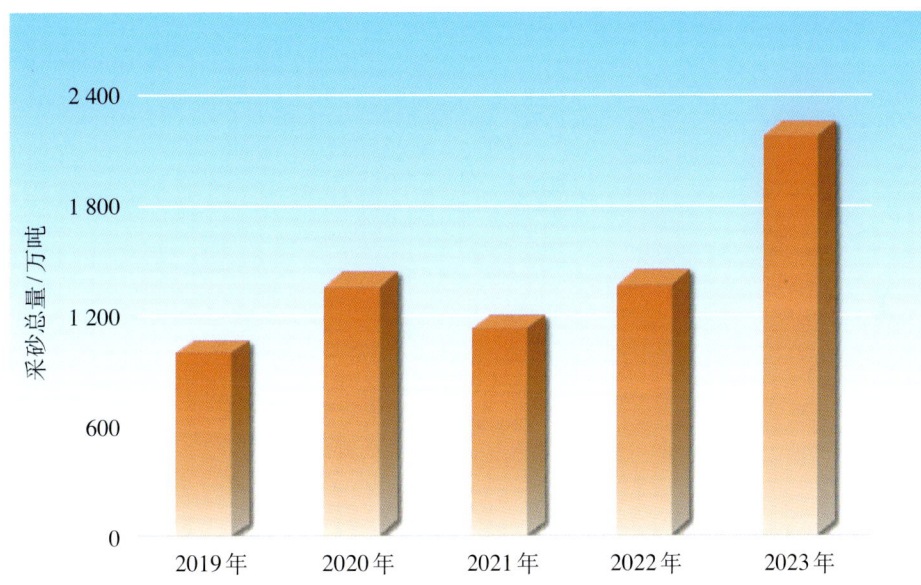

图2-11　2019—2023年长江干流河道采砂总量年际变化

3. 航道整治工程

2023年，长江干线在建航道整治工程有2项（表2-2），涉及河段长度171千米。工程泥沙总疏浚量约222.4万米^3，其中清礁量约84万米^3。建设生态护岸960米，投放鱼巢、鱼礁等4 700余件。

表2-2　2023年长江干线在建航道整治工程

项目名称	航道等级	涉河长度／千米	疏浚量／万米^3
长江上游朝天门至涪陵河段航道整治工程	Ⅰ级	123	160（含清礁量24）
长江上游涪陵至丰都河段航道整治工程	Ⅰ级	48	62.4（含清礁量60）

（五）水生生物完整性指数

1. 长江上游

2023年，长江上游水生生物完整性指数为55.5分，与2022年持平，其中：鱼类状况指数60.0分，重要物种状况指数40.0分，生境状况指数66.6分，均与2022年持平。

长江上游水生生物完整性指数评价等级为"较差"，与2022年持平，评级较低的主要原因是较历史记录数据，监测到的圆口铜鱼等区域代表物种数量较少。

2. 三峡库区

2023年，三峡库区水生生物完整性指数为48.9分，比2022年增加3.4分，其中：鱼类状况指数60.0分，比2022年增加3.4分；重要物种状况指数46.7分，比2022年增加6.7分；生境状况指数40.0分，与2022年持平。

三峡库区水生生物完整性指数评价等级为"较差"，与2022年持平，评级较低的主要原因是较历史记录数据，监测到的区域代表物种圆口铜鱼、铜鱼等个体数较少。

3. 长江中游

2023年，长江中游水生生物完整性指数为52.2分，比2022年减少3.3分，其中：鱼类状况指数40.0分，与2022年持平；重要物种状况指数50.0分，比2022年减少10.0分；生境状况指数66.6分，与2022年持平。

长江中游水生生物完整性指数评价等级为"较差"，与2022年持平，评级较低的主要原因是较历史记录数据，监测到的中华鲟等重点保护物种数量较少、部分江段岸线硬化度较高。

4. 长江下游

2023年，长江下游水生生物完整性指数为43.3分，比2022年增加1.6分，其中：鱼类状况指数46.7分，比2022年减少3.3分；重要物种状况指数30.0分，比2022年减少5.0分；生境状况指数53.3分，比2022年增加13.3分。

长江下游水生生物完整性指数评价等级为"较差"，与2022年持平，评级较低的主要原因是较历史记录数据，监测到的鱼类资源量较少、重点保护物种种类及数量较少。

5. 长江口

2023年，长江口水生生物完整性指数为31.1分，比2022年增加6.7分。其中：鱼类状况指数20.0分，比2022年增加20.0分；重要物种状况指数40.0分，生境状况指数33.3分，均与2022年持平。

长江口水生生物完整性指数评价等级为"差"，与2022年持平，评级较低的主要原因是较历史记录数据，监测到的鱼类种类数较少、长江上海段岸线硬化度较高及无机氮超标。

三、重要湖泊

（一）水生生物资源

1. 洞庭湖

2023年，洞庭湖监测到土著鱼类83种，比2022年减少3种；香农－威纳多样性指数为3.2，主要受物种间数量不均匀度增加影响，比2022年略下降5.9%。单位捕捞量为4.2千克，主要受枯水位影响，比2022年略下降6.7%。近三年的物种多样性水平及资源量总体相对稳定（图3-1）。优势种为鳙、鲢、草鱼、鲤和鲂，相比2022年，定居性鱼类鲤资源占比有所增加。监测到洄游性刀鲚20尾。

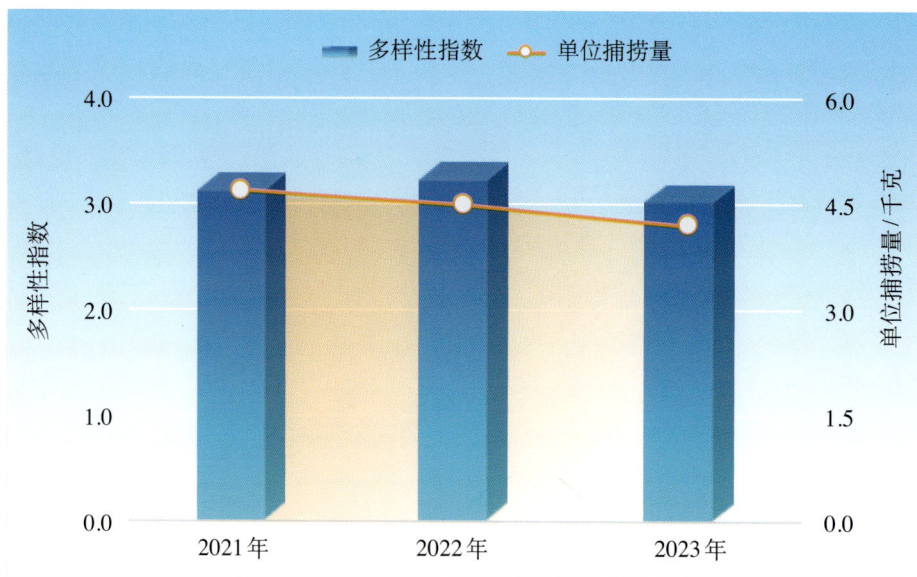

图3-1 2021—2023年洞庭湖多样性指数及单位捕捞量年际变化

2. 鄱阳湖

2023年，鄱阳湖监测到土著鱼类81种，比2022年增加5种；香农－威纳多样性指数为3.0，主要受物种间数量不均匀度增加影响，比2022年略下降6.3%。单位捕捞量为2.9千克，比2022年下降40.8%。近三年的物种多样性水平相对稳定，主要受2022年下半年极枯水位和2023年上半年低枯水位时间较长影响，2023年资源量降幅较大（图3-2）。优势物种为鲂、鳙、鲢、刀鲚和鲤，相比2022年，洄游性刀鲚资源占比相对上升。

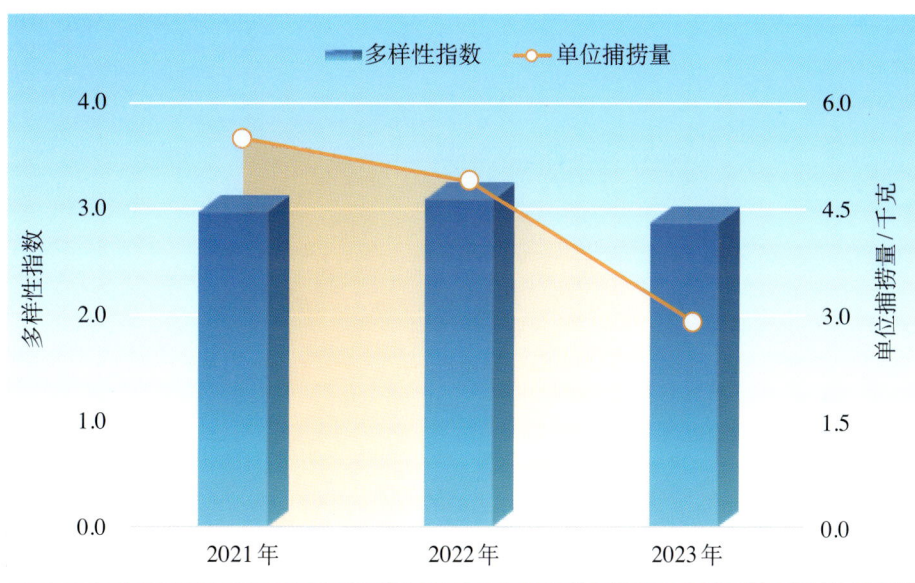

图3-2 2021—2023年鄱阳湖多样性指数及单位捕捞量年际变化

3. 其他湖泊

2023年，滇池监测到土著鱼类24种，单位捕捞量为3.6千克，优势种为鲢、鳙、鲫、鲤和红鳍原鲌。巢湖监测到土著鱼类58种，单位捕捞量为2.4千克，优势种为鳙、鲢、鲤、达氏鲌和刀鲚。太湖监测到土著鱼类38种，单位捕捞量为5.4千克，优势种为花鳕、红鳍原鲌、刀鲚、鲢和似鳊。

（二）重点保护物种

1. 洞庭湖

2023年，洞庭湖监测到长江江豚118头次，主要分布在扁山至鹿角、鲶鱼口至漉湖和横岭湖新化沟水域（图3-3）。受枯水位等因素影响，2023年发现野外死亡长江江豚11头，比2022年有较大幅度增加，其中6头雌性，3头雄性，2头性别未知。

监测到中华鲟1尾、长江鲟1尾、胭脂鱼2尾。

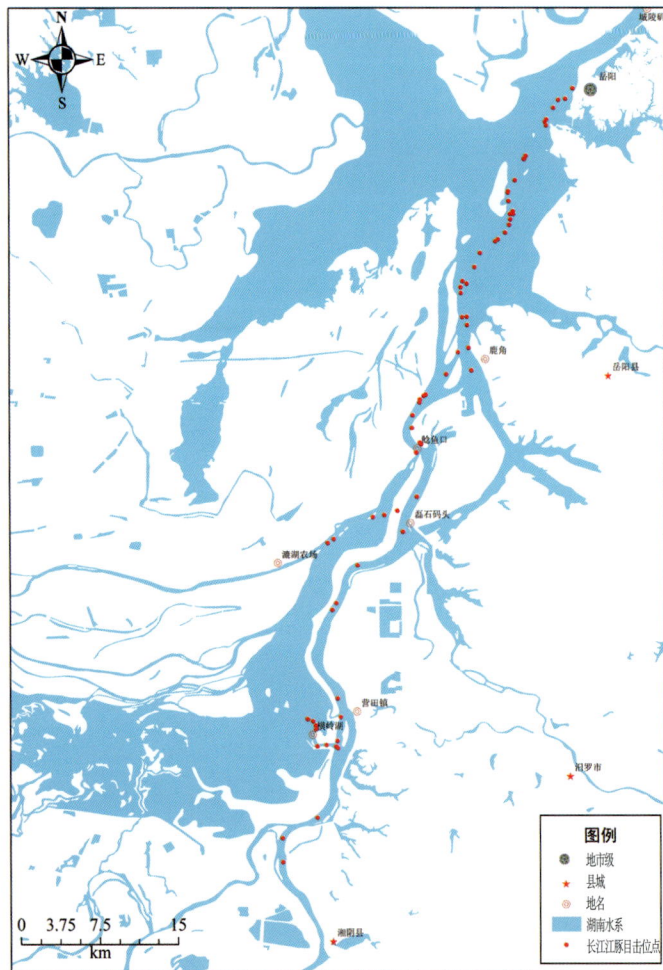

图3-3 2023年洞庭湖长江江豚种群分布情况

2. 鄱阳湖

2023年，鄱阳湖及其支流尾闾监测到长江江豚528头次（图3-4），向赣江、信江等扩散分布趋势明显。受枯水位等因素影响，湖区及支流尾闾发现野外死亡长江江豚12头，比2022年略有增加，其中4头雌性，2头雄性，6头性别未知。

未监测到国家重点保护鱼类。

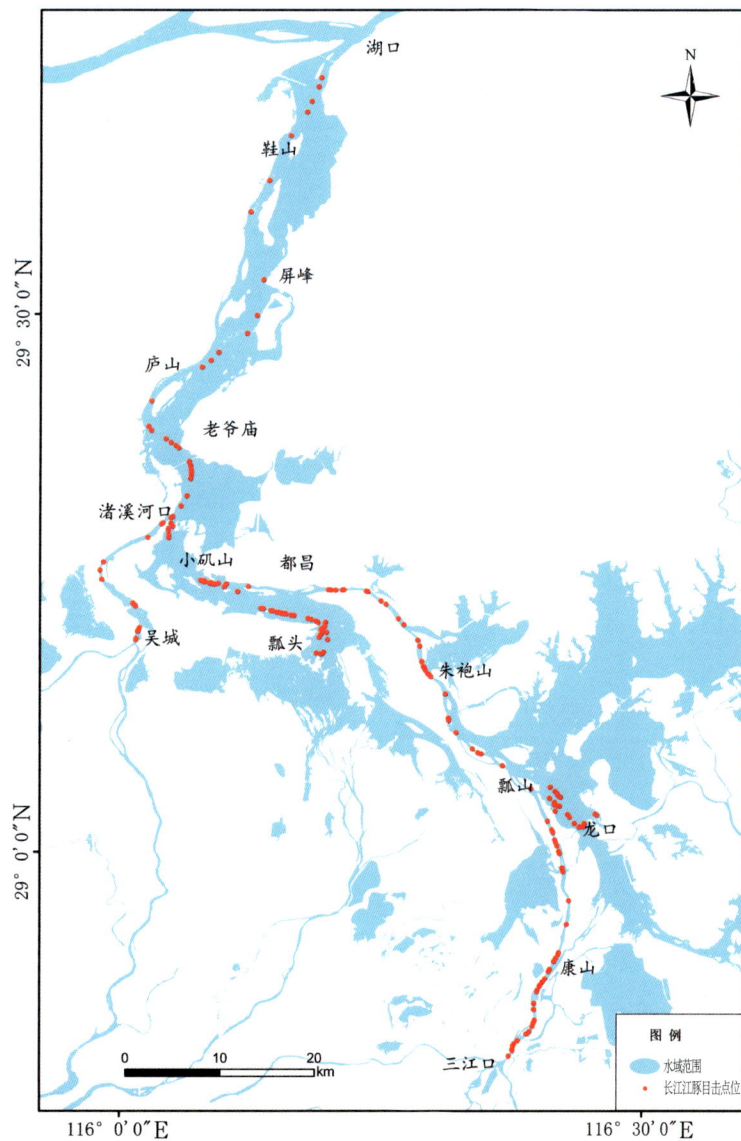

图3-4　2023年鄱阳湖及其支流尾闾长江江豚种群分布情况

3. 其他湖泊

2023年，滇池监测到滇池金线鲃475尾，巢湖监测到胭脂鱼1尾，太湖未监测到国家重点保护鱼类。

（三）外来物种

洞庭湖：监测到杂交鲟、鲮、大眼华鳊3种10尾，相比2022年，新监测到大眼华鳊。

鄱阳湖：监测到杂交鲟、纵带鲇2种4尾，相比2021—2022年，新监测到纵带鲇。监测到克氏原螯虾3只。

其他湖泊：2023年，滇池监测到大口黑鲈1尾，巢湖监测到三角鲂和南方拟鳌各1尾、克氏原螯虾2只，太湖未监测到外来物种。

（四）栖息生境

1. 水文

2023年，洞庭湖水道城陵矶水文控制站年径流量为1 407亿米^3，比2022年减少38.5%，比1951—2020年均值偏小50.5%；鄱阳湖水道湖口水文控制站年径流量为1 222亿米^3，比2022年减少14.5%，比1950—2020年均值偏小19.5%（图3-5）。

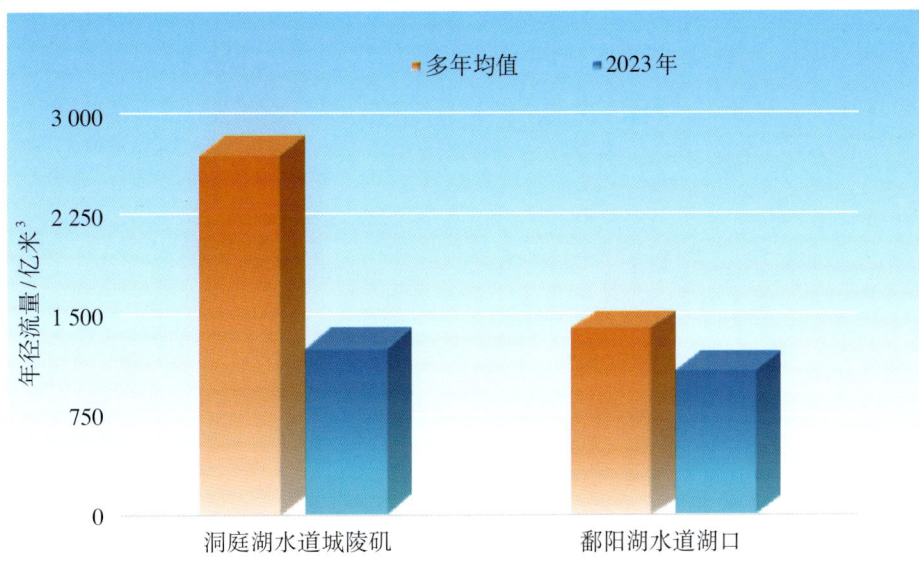

图 3-5　2023年湖泊主要水文控制站径流量及年际比较

2. 采砂

2023年，洞庭湖及主要支流采砂总量约1 697万吨，比2022年下降71.0%，近五年的年采砂总量呈先上升后下降趋势（图3-6）。鄱阳湖及主要支流采砂总量约5 687万吨，比2022年上升26.0%，近五年的年采砂总量呈上升趋势（图3-7）。

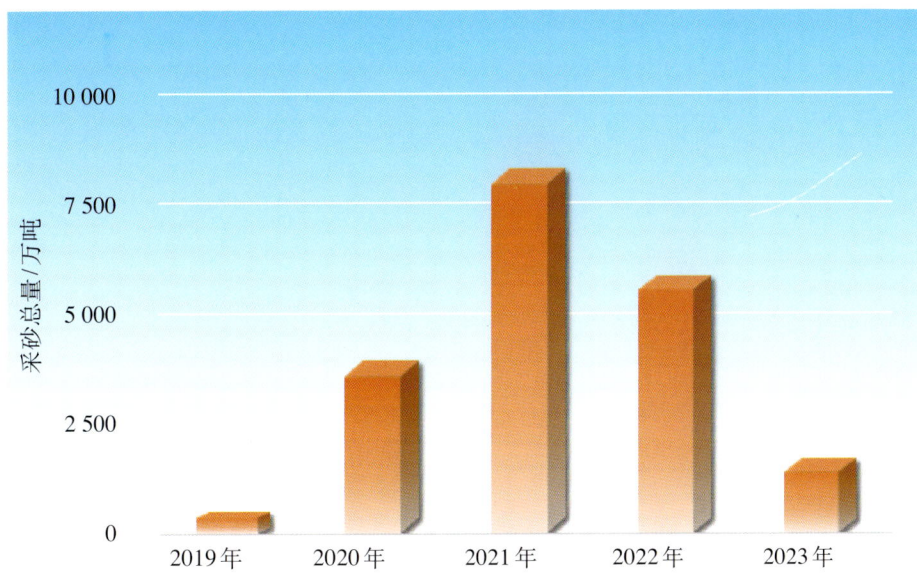

图 3-6　2019—2023年洞庭湖及其主要支流河道采砂总量年际变化

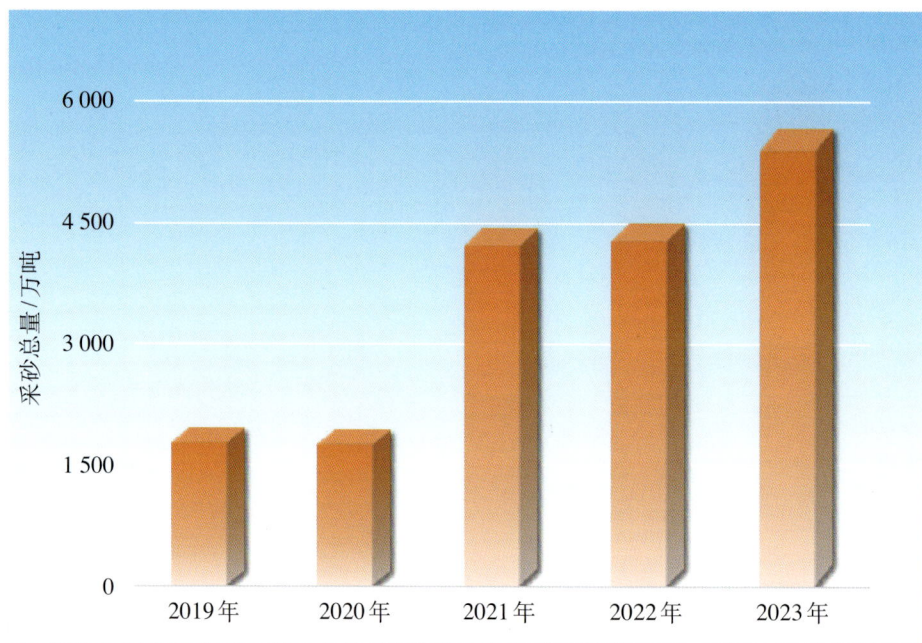

图 3-7　2019—2023年鄱阳湖及其主要支流河道采砂总量年际变化

（五）水生生物完整性指数

1. 洞庭湖

2023年，洞庭湖水生生物完整性指数为58.3分，比2022年增加3.3分，其中：鱼类状况指数60.0分，与2022年持平；重要物种状况指数40.0分，比2022年增加10.0分；生境状况指数75.0分，与2022年持平。

洞庭湖水生生物完整性指数评价等级为"较差"，与2022年持平，评级较低的主要原因是较历史记录数据，监测到的关键性指标重点保护物种较少，自然岸线固化较严重。

2. 鄱阳湖

2023年，鄱阳湖水生生物完整性指数为49.4分，比2022年减少2.8分，其中：鱼类状况指数63.3分，比2022年增加6.6分；重要物种状况指数30.0

分，比2022年减少10.0分；生境状况指数55.0分，比2022年减少5.0分。

　　鄱阳湖水生生物完整性指数为"较差"，与2022年持平，评级较低的主要原因是受长时间枯水位影响，较历史记录数据，监测到的鱼类资源量较少，以及自然岸线固化较严重。

四、重要支流

（一）水生生物资源

1. 大渡河

大渡河是岷江最大支流，于四川省乐山市城南注入岷江。2023年，大渡河监测到土著鱼类40种，比2022年增加2种，香农－威纳多样性指数为2.5，比2022年上升4.2%。单位捕捞量为0.4千克，比2022年上升33.3%。优势种为鳙、齐口裂腹鱼、重口裂腹鱼、鲤和蛇鮈，相比2022年，鳙与蛇鮈等静水或缓流水生境鱼类占比上升。

2. 岷江

岷江于宜宾市注入长江，是成都平原重要的水资源。2023年，岷江监测到土著鱼类83种，比2022年增加18种，香农－威纳多样性指数为3.3，比2022年上升3.1%。单位捕捞量为2.7千克，比2022年上升22.7%。优势种为圆吻鲴、鲤、鲢、齐口裂腹鱼和鳙，相比2022年，长江上游特有鱼类齐口裂腹鱼资源占比上升。

3. 沱江

沱江位于四川省中部，经简阳市、资阳市、资中县、内江市、自贡市、富顺县等至泸州市汇入长江。2023年，沱江监测到土著鱼类64种，部分偶见鱼类未监测到，比2022年减少7种；香农－威纳多样性指数为3.4，与2022年持平。单位捕捞量为1.2千克，受年际自然波动和水文条件等因素影响，比2022年下降7.7%。优势种为鲤、鲢、鲫、南方鲇、鳙等，相比2022年，肉食性鱼类南方鲇资源占比上升。

4. 赤水河

赤水河是唯一保持自然流态的长江一级支流，2017年起率先实施常年禁渔。2023年，赤水河监测到土著鱼类96种，比2022年增加9种，香农－威纳多样性指数为3.4，比2022年上升9.7%。单位捕捞量为1.1千克，比2022年上升5.8%。优势种为粗唇鮈、中华倒刺鲃、瓦氏黄颡鱼、大鳍鳠和斑点蛇鮈，相比2022年，粗唇鮈、大鳍鳠等肉食性鱼类资源占比上升。

5. 嘉陵江

嘉陵江是流域面积最大的长江支流，发源于秦岭南麓，是长江上游重要生态屏障和水源涵养地。2023年，嘉陵江监测到土著鱼类74种，比2022年增加10种，香农－威纳多样性指数为3.1，与2022年持平。单位捕捞量为3.5千克，相比2022年有较大提升。优势种为黄尾鲴、鲢、鳙、拟尖头鲌、鲤，相比2022年，群落结构相对稳定，肉食性、植食性鱼类组成比较均衡。

6. 乌江

乌江是长江上游南岸最大的支流，为贵州省第一大河，在涪陵汇入长江。2023年，乌江监测到土著鱼类56种，相比2022年增加13种；香农－威纳多样性指数为2.9，相比2022年上升11.5%；单位捕捞量为5.5千克，相比2022年上升175.0%。优势种为鳙、鲢、鳘、鲫、中华倒刺鲃，与2022年一致，以静水或缓流水生境鱼类为主。

7. 汉江

汉江是长江最长的支流，干流流经陕西和湖北两省，在武汉汇入长江。2023年，汉江监测到土著鱼类82种，比2022年增加13种；香农－威纳多样性指数为2.9，主要受物种间数量不均匀度增加影响，比2022年下降9.4%。单位捕捞量为2.4千克，比2022年上升14.3%。优势种为鲢、鲤、鳙、银鮈和鲂，与2022年一致，均为静水或缓流水生境鱼类。

（二）重点保护物种

1. 国家一级保护水生野生动物

2023年，在岷江与赤水河共监测到国家一级保护水生野生动物长江鲟116尾。其中赤水河监测到110尾，岷江监测到6尾。

2. 国家二级保护水生野生动物

2023年，长江流域监测水域监测到国家二级保护水生野生动物岩原鲤、重口裂腹鱼、胭脂鱼、鲈鲤、多鳞白甲鱼、青石爬鮡、长薄鳅、圆口铜鱼和四川白甲鱼9种1 067尾。

（三）外来物种

大渡河：监测到云斑鮰、斑点叉尾鮰2种30尾。相比2022年，未监测到新的种类。

岷江：监测到杂交鲟、麦瑞加拉鲮、云斑鮰和虹鳟4种14尾。相比2022年，新监测到麦瑞加拉鲮。

沱江：监测到斑点叉尾鮰、革胡子鲇和鲮3种3尾。相比2022年，新监测到鲮、斑点叉尾鮰。

赤水河：监测到斑点叉尾鮰、杂交鲟、梭鲈、鲮和麦瑞加拉鲮5种20尾。相比2022年新监测到斑点叉尾鮰、梭鲈和麦瑞加拉鲮。

嘉陵江：监测到杂交鲟1尾。相比2022年，未监测到新的种类。

乌江：监测到大眼华鳊、齐氏罗非鱼、绿太阳鱼、大口黑鲈、杂交鲟和麦瑞加拉鲮6种1 075尾。相比2022年，新监测到大眼华鳊、绿太阳鱼、大口黑鲈、杂交鲟和麦瑞加拉鲮5种。

汉江：监测到大眼华鳊、鲮、杂交鲟和麦瑞加拉鲮4种50尾。相比2022年，新监测到大眼华鳊和鲮。

（四）栖息生境

1. 水质

2023年，主要支流水质总体为优。监测的935个国控断面中，Ⅰ～Ⅲ类水质断面占98.3%，比2022年上升0.3个百分点，无劣Ⅴ类水质断面。近五年来，长江主要支流Ⅰ～Ⅲ类水质占比呈现上升趋势（图4-1）。

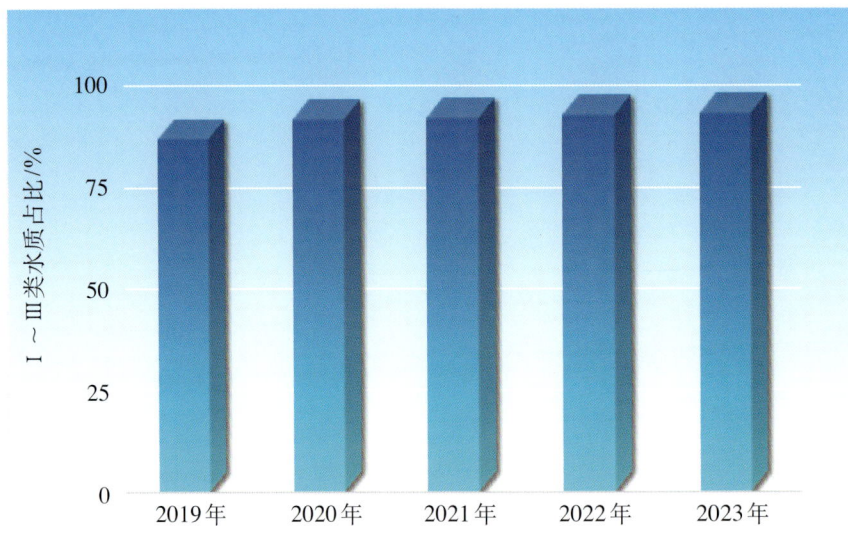

图4-1　2019—2023年长江主要支流水质年际变化

2. 水文

2023年，长江支流主要水文控制站实测径流量以乌江武隆最低，为301.4亿米³，岷江高场最高，为670.3亿米³。与多年平均值比较，雅砻江桐子林、岷江高场、嘉陵江北碚、乌江武隆、汉江皇庄、湘江湘潭、沅江桃源和赣江外洲站实测径流量偏小15.7%～43.6%（图4-2）。主要支流水文控制站径流量见表4-1。

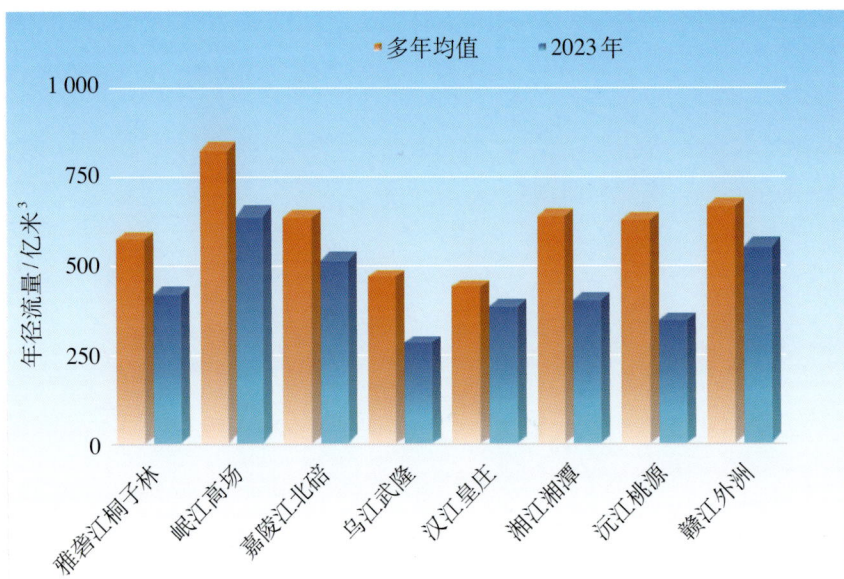

图4-2　2023年主要支流水文控制站径流量及年际比较

表4-1　2023年长江主要支流水文控制站径流量

水文控制站	年径流量/亿米³	水文控制站	年径流量/亿米³
雅砻江桐子林	441.7	汉江皇庄	407.6
岷江高场	670.3	湘江湘潭	424.0
嘉陵江北碚	539.5	沅江桃源	365.3
乌江武隆	301.4	赣江外洲	580.9

（五）水生生物完整性指数

1.大渡河

2023年，大渡河水生生物完整性指数为25.6分，比2022年下降2.2分。其中：鱼类状况指数0分，与2022年持平；重要物种状况指数46.7分，比2022年下降6.6分；生境状况指数30.0分，与2022年持平。

大渡河水生生物完整性指数评价等级为"差"，与2022年持平，仍处于较低水平。评级低的主要原因是较历史记录数据，监测到的鱼类种类数少。

2.岷江

2023年，岷江水生生物完整性指数为50.0分，比2022年增加13.3分，其中：鱼类状况指数40.0分，比2022年增加20.0分，重要物种状况指数60.0分，比2022年增加20.0分；生境状况指数50.0分，与2022年持平。

岷江水生生物完整性指数评价等级为"较差"，比2022年上升一个等级。评级上升原因是特有鱼类种类数增加。整体评级仍然较低的主要原因是较历史记录数据，监测到的优势科与历史状况差异较大。

3. 沱江

2023年，沱江水生生物完整性指数为48.9分，比2022年增加6.7分。其中：鱼类状况指数33.3分，与2022年持平；重要物种状况指数60.0分，比2022年增加13.3分；生境状况指数53.3分，比2022年增加6.6分。

沱江水生生物完整性指数评价等级为"较差"，评级较低的主要原因是较历史记录数据，监测到的草鱼、鲢等成鱼比例较低，渔业水质总氮含量超标。

4. 赤水河

2023年，赤水河水生生物完整性指数为84.4分，比2022年增加4.4分。其中：鱼类状况指数60.0分，与2022年持平；重要物种状况指数93.3分，比2022年增加13.3分；生境状况指数100.0分，与2022年持平。

赤水河水生生物完整性指数评价等级为"良"，与2022年持平。评级较高的主要原因是赤水河干流保持自然连通、渔业水质状况总体较好、鱼类资源量恢复明显。

5. 嘉陵江

2023年，嘉陵江水生生物完整性指数为40.0分，与2022年持平，其中：鱼类状况指数60.0分，比2022年增加20.0分；重要物种状况指数40.0分，比2022年下降20.0分；生境状况指数20.0分，与2022年持平。

嘉陵江水生生物完整性指数评价等级为"较差"，与2022年持平。评级较低的主要原因是较历史记录数据，监测到的重点保护物种种类数较少、水体连通性较差。

6. 乌江

2023年，乌江水生生物完整性指数为54.4分，比2022年增加7.7分。其中：鱼类状况指数63.3分，比2022年增加23.3分；重要物种状况指数80.0分，与2022年持平；生境状况指数20.0分，与2022年持平。

乌江水生生物完整性指数评价等级为"较差"，评级较低的主要原因是较历史记录数据，监测到的鱼食性鱼类种类较少，水体连通性较差。

7. 汉江

2023年，汉江水生生物完整性指数为53.3分，比2022年增加8.9分。其中：鱼类状况指数60.0分，比2022年增加6.7分；重要物种状况指数20.0分，比2022年增加20.0分；生境状况指数80.0分，与2022年持平。

汉江水生生物完整性指数评价等级为"较差"，与2022年持平，评级较低的主要原因是较历史记录数据，监测到的重点保护物种、区域代表物种数量较少。

五、保护管理制度

为贯彻落实党中央、国务院关于共抓长江大保护和长江十年禁渔重要决策部署，持续做好长江水生生物多样性保护工作，2023年有关部门出台实施了一系列水生生物保护法律及政策文件。

1. 法律

《中华人民共和国野生动物保护法》：2022年12月30日，第十三届全国人民代表大会常务委员会第三十八次会议第二次修订通过野生动物保护法，自2023年5月1日起施行。本法加大了对重点野生动物保护的执法监管力度、增加了对涉及野生动物的经济活动监管、强化了野生动物栖息地的保护和恢复、加强了野生动物的科学研究和教育宣传，有助于保护生物多样性。

2. 政策文件

《农业农村部 国家发展改革委 公安部 财政部 人力资源社会保障部和市场监管总局关于印发2022年度长江流域重点水域禁捕退捕工作考核办法及实施方案的函》：2023年5月11日，农业农村部、国家发展改革委、公安部、财政部、人力资源社会保障部和市场监管总局发布《关于印发2022年度长江流域重点水域禁捕退捕工作考核办法及实施方案的函》（农长渔函〔2023〕1号），明确了长江流域重点水域禁捕退捕工作考核对象，制定了工作机制，阐释了考核内容，细化了考核程序，提出了执行要求，为扎实做好长江流域重点水域禁捕退捕工作考核提供了工作指南。

《关于加强长江十年禁渔常态化执法监督的意见》：2023年10月17日，农业农村部、公安部、市场监管总局印发《关于加强长江十年禁渔常态化执法监督的意见》（农长渔发〔2023〕1号），提出要准确把握长江禁渔执法监管的总体要求，优化工作协同推进机制，健全执法协作联动机制，完善行刑双向衔接机制，强化执法监督检查机制，创新普法宣传引导机制。

《"中国渔政亮剑2023"系列专项执法行动方案》：2023年3月16日，为贯彻落实党中央、国务院有关决策部署，进一步规范渔业生产活动，强化渔业水域生态环境保护，促进渔业高质量发展和现代化建设，按照渔业法、长江保护法、黄河保护法、野生动物保护法等法律规定和2023年中央一号文件严格执行休禁渔期制度等有关要求，农业农村部印发实施《"中国渔政亮剑2023"系列专项执法行动方案》（农渔发〔2023〕8号）。

《农业农村部关于开展严厉打击破坏水生野生动物资源行为专项执法行动的通知》：2023年4月24日，为贯彻落实自2023年5月1日起施行的新《中华人民共和国野生动物保护法》，推进水域生态文明建设，强化珍贵濒危水生野生动物及其栖息地保护，规范水生野生动物经营利用活动，严惩破坏水生野生动物资源违法犯罪行为，按照《"中国渔政亮剑2023"系列专项执法行动方案》部署安排，农业农村部印发《关于开展严厉打击破坏水生野生动物资源行为专项执法行动的通知》（农渔发〔2023〕11号），决定自2023年5月1日至10月31日开展严厉打击破坏水生野生动物资源行为专项执法行动。

《中华人民共和国农业农村部公告　第683号》：2023年7月5日，为简化渔船审批、登记程序，减轻基层负担，便利渔民群众，农业农村部决定对渔业船网工具指标审批、渔业捕捞许可证审批和渔业船舶登记相关要求进行调整，取消 10 项证明事项，精简 3 项审批程序，优化 3 项管理要求，自 2023 年 8 月 1 日起实施。

《农业农村部关于进一步加强珍贵濒危水生野生动物保护管理工作的通知》：2023 年 8 月 8 日，为深入贯彻落实习近平生态文明思想和党的二十大精神，进一步加强水生野生动物保护管理工作，农业农村部印发《农业农村部关于进一步加强珍贵濒危水生野生动物保护管理工作的通知》（农渔发〔2023〕22 号），加强水生野生动物保护，维护生物多样性和生态平衡，推进生态文明建设，促进人与自然和谐共生。

《农业农村部关于加强渔政执法能力建设的指导意见》：2023 年 11 月 27 日，为贯彻党中央、国务院决策部署，落实《国务院办公厅关于印发〈提升行政执法质量三年行动计划（2023—2025 年）〉的通知》，农业农村部印发《关于加强渔政执法能力建设的指导意见》（农渔发〔2023〕28 号），自印发之日起实施，2021 年印发的《农业农村部关于加强渔政执法能力建设的指导意见》（农渔发〔2021〕23 号）同时废止。

《关于 2022 年度长江流域重点水域禁捕退捕工作考核结果的通报》：2023 年 10 月 27 日，农业农村部对 2022 年度长江流域重点水域禁捕退捕工作考核结果进行通报。根据 2022 年度禁捕退捕工作考核办法及实施方案，有禁捕退捕任务的 10 省（直辖市）和仅有禁捕任务的 5 省进行分组评优。综合考核获得优秀的省份为江西省、安徽省、湖南省、陕西省，其余省份为良好。上海市、重庆市、湖北省、甘肃省获得主体责任落实情况优秀等次；湖北省、江苏省、四川省获得安置保障工作落实情况优秀等次；江苏省、重庆市、上海市、河南省获得执法监管工作落实情况优秀等次。

六、重要保护行动

增殖放流：2023年，长江流域15省（直辖市）共放流淡水水生生物32.7亿尾（只）。其中，上海市1.2亿尾（只）、江苏省4.9亿尾（只）、浙江省10.8亿尾（只）、安徽省2.6亿尾（只）、江西省2.2亿尾（只）、河南省0.1亿尾（只）、湖北省2.9亿尾（只）、湖南省6.7亿尾（只）、重庆市0.2亿尾（只）、四川省0.1亿尾（只）、贵州省0.3亿尾（只）、云南省0.4亿尾（只）、陕西省0.1亿尾（只）、甘肃省0.03亿尾（只）、青海省0.2亿尾（只）。长江流域15省（直辖市）放流胭脂鱼、长薄鳅、松江鲈等珍稀特有水生动物1 483.1万尾。其中，上海市5.9万尾、江苏省49.3万尾、浙江省1.5万尾、安徽省30.4万尾、江西省35.6万尾、河南省0.9万尾、湖北省65.0万尾、湖南省8.0万尾、重庆市195.6万尾、四川省503.7万尾、贵州省52.3万尾、云南省493.4万尾、陕西省5.3万尾、甘肃省26.0万尾、青海省10.2万尾。

长江十年禁渔工作视频推进会：2023年2月2日，农业农村部在北京组织召开长江十年禁渔工作视频推进会。会议强调，要深入贯彻落实党的二十大部署要求，深刻认识长江十年禁渔的长期性、复杂性、艰巨性，从长江流域生态持续恢复的全局大局出发，持续抓好退捕渔民安置保障、禁捕执法、水生生物保护等工作，打牢夯实思想基础、保障基础、能力基础、生态基础、社会基础，坚持不懈打好长江十年禁渔持久战。

长江鲟野外自然繁殖试验成功：2023年3月24日，长江鲟野外自然繁殖试验监测到长江鲟自然产卵并孵化成苗，长江鲟保护工作取得重要突破，证明了长江鲟人工群体成熟个体在野外具备自然繁殖能力，为下一步恢复长江鲟野外自然繁殖奠定了理论和技术基础（图6-1）。

图6-1　长江鲟野外自然繁殖试验

2023年中华鲟保护日系列活动：2023年3月28日，农业农村部在湖北省荆州市启动2023年中华鲟保护日系列活动，开展为期一周的中华鲟增殖放流、高端研讨会和科普宣教等活动，荆州主会场共放流23 328尾大规格中华鲟，武汉、宜昌分会场同步组织开展增殖放流活动。农业农村部长江流域渔政监督管理办公室、湖北省农业农村厅、荆州市人民政府有关负责同志出席启动活动（图6-2）。

图6-2　2023年中华鲟保护日系列活动

长江江豚迁地保护群体首次放归长江：2023年4月25日，4头来自湖北长江天鹅洲白鱀豚国家级自然保护区的长江江豚分2批从石首、洪湖放归长江，这是长江江豚迁地保护群体首次放归长江，也是首次实现迁地保护濒危水生哺乳动物的野化放归（图6-3）。

图6-3　长江江豚迁地保护群体放归长江

长江流域禁渔联合执法常态化开展：农业农村部部署开展"中国渔政亮剑"执法行动，印发长江禁渔系列专项执法行动计划，部署年度重点水域巡航检查等六大行动。组织长江禁渔特编执法船队、部省共建共管渔政执法基地及相关直属渔政船艇，开展巡航执法行动。2023年累计出动执法人员198万人次、执法船艇15.1万艘次，共查办非法捕捞等涉渔行政案件27 401起。

编写说明

本公报由农业农村部长江流域渔政监督管理办公室、水利部长江水利委员会、生态环境部长江流域生态环境监督管理局、交通运输部长江航务管理局联合发布。其中，水生生物资源数据来自农业农村部长江流域水生生物资源监测网络体系的常规监测和专项监测，同时吸收了中国科学院、中国长江三峡集团有限公司相关科研单位的监测数据；法律法规政策部分由农业农村部渔政保障中心搜集整理提供；长江流域栖息生境数据由水利部长江水利委员会、生态环境部长江流域生态环境监督管理局、交通运输部长江航务管理局提供。

水生生物资源监测技术标准依据为《长江水生生物资源监测手册》，重要栖息生境水质监测标准依据为《渔业生态环境监测规范》（SC/T 9102—2007)，水质指标评价依据为《渔业水质标准》（GB 11607—1989)、《地表水环境质量标准》（GB 3838—2002)。

公报中涉及的部分名词或术语说明如下：

长江干流河段划分：金沙江为江达至宜宾段，长江上游为宜宾至重庆段，三峡库区为重庆至宜昌段，长江中游为宜昌至湖口段，长江下游为湖口至常熟段，长江口为常熟以下江段。

通江湖泊：指洞庭湖和鄱阳湖。

土著鱼类：指历史上自然分布于长江流域的鱼类。

外来物种：指历史上在监测水域没有自然分布，通过人类活动直接或间接引入的物种。

重点保护物种：列入《国家重点保护野生动物名录》（国家林业和草原局、农业农村部公告〔2021〕3号）的物种。

优势种：指监测渔获物中重量占比前五的种类。

区域代表物种：指适应特定的区域生境、有传统渔业价值或受关注度高的物种，其种群状况能够反映区域水生生物丰富度及生态保护和修复效果。

香农－威纳多样性指数：用来描述物种个体出现的紊乱和不确定性，种类数目越多、种类之间个体分配越均匀，多样性越高。是常用的具有代表性的测定物种多样性的指数，是反映物种丰富度和均匀度的综合性指标。计算公式如下：

$$H = -\sum_{i=1}^{S} P_i \ln P_i$$

式中，H 为物种的多样性指数；S 为物种数目；P_i 为属于种 i 的个体在全部个体中的比例；ln 表示以 e 为底的对数运算。

单位捕捞量：标准化为 1 000 米^2 监测网具 1 小时捕捞的渔获量（千克），可作为相对资源量指标或资源分布密度指数来反映资源量状况。

大通水文控制站：长江下游干流最后一个径流控制站，可反映长江全流域的河川径流量情况。

水生生物完整性指数：简称"完整性指数"，依据农业农村部印发的《长江流域水生生物完整性指数评价办法（试行）》，从"鱼类状况指数""重要物种状况指数""生境状况指数"3个方面开展评价，其中，与种类相关的指标（种类数、优势科、营养结构、外来物种、洄游性物种、重点保护物种、特有鱼类）采用近5年累积的监测数据。评价等级分为6级，依次为优（90～100）、良（80～90）、一般（60～80）、较差（40～60）、差（20～40）、无鱼（0～20）。

公报编制单位

发布单位：

农业农村部长江流域渔政监督管理办公室

水利部长江水利委员会

生态环境部长江流域生态环境监督管理局

交通运输部长江航务管理局

主编单位：

农业农村部长江流域水生生物资源监测中心

中国水产科学研究院长江水产研究所

编写成员单位：

农业农村部渔政保障中心

中国水产科学研究院淡水渔业研究中心

中国水产科学研究院东海水产研究所

中国科学院水生生物研究所

水利部中国科学院水工程生态研究所

中国长江三峡集团有限公司中华鲟研究所

上海市水生野生动植物保护研究中心

（农业农村部长江流域水生生物资源监测上海站）

江苏省淡水水产研究所

（农业农村部长江流域水生生物资源监测江苏站）

浙江省海洋水产研究所

（农业农村部长江流域水生生物资源监测浙江站）

安徽省农业科学院水产研究所

（农业农村部长江流域水生生物资源监测安徽站）

江西省水生生物保护救助中心

（农业农村部长江流域水生生物资源监测江西站）

河南省水产科学研究院

（农业农村部长江流域水生生物资源监测河南站）

湖北省水产科学研究所

（农业农村部长江流域水生生物资源监测湖北站）

湖南省水产科学研究所

（农业农村部长江流域水生生物资源监测湖南站）

重庆市水产技术推广总站

（农业农村部长江流域水生生物资源监测重庆站）

四川省农业科学院水产研究所

（农业农村部长江流域水生生物资源监测四川站）

贵州省水产研究所

（农业农村部长江流域水生生物资源监测贵州站）

云南省渔业科学研究院

（农业农村部长江流域水生生物资源监测云南站）

陕西省水产研究与技术推广总站

（农业农村部长江流域水生生物资源监测陕西站）

甘肃省水产研究所

（农业农村部长江流域水生生物资源监测甘肃站）

青海省渔业技术推广中心

（农业农村部长江流域水生生物资源监测青海站）

图书在版编目（CIP）数据

长江流域水生生物资源及生境状况公报.2023年 /
农业农村部长江流域渔政监督管理办公室等编著.
北京 ：中国农业出版社，2024.9. -- ISBN 978-7-109
-32303-2

Ⅰ.Q178.1

中国国家版本馆CIP数据核字第2024RF1805号

中国农业出版社出版

地址：北京市朝阳区麦子店街18号楼

邮编：100125

责任编辑：杨晓改　林维潘

版式设计：王　晨　　责任校对：吴丽婷　　责任印制：王　宏

印刷：中农印务有限公司

版次：2024年9月第1版

印次：2024年9月北京第1次印刷

发行：新华书店北京发行所

开本：889mm×1194mm　1/16

印张：3.5

字数：58千字

定价：58.00元